Charles Nordmann

Sur l'Espace
et le Temps
selon Einstein

Essai

ISBN : 978-1983453427

10 9 8 7 6 5 4 3 2 1

Charles Nordmann

Sur l'Espace et le Temps selon Einstein

Essai

Table de Matières

Sur l'Espace et le Temps selon Einstein

Ce serait folie de prétendre pénétrer dans les moindres recoins des nouvelles théories d'Einstein, sans le secours de la tarière mathématique. Je crois pourtant qu'on peut tâcher de donner au moyen du langage ordinaire, c'est-à-dire par des images et des raisonnements verbaux, une idée assez approchée de ces choses dont la complexité se modèle d'habitude sur le jeu infiniment subtil et souple des formules et des équations mathématiques. Après tout, la mathématique n'est pas, n'a jamais été et ne sera jamais autre chose qu'un langage particulier, une sorte de sténographie de la pensée et du raisonnement, qui a pour but et pour résultat de franchir les méandres compliqués des raisonnements superposés, avec une rapide hardiesse que ne connaissent pas la lourdeur et la lenteur mérovingiennes des syllogismes exprimés par des mots.

Si paradoxal que cela puisse paraître à ceux qui considèrent les mathématiques comme étant *par elles-mêmes* une source de découverte, on ne sortira jamais d'un développement mathématique autre chose que ce qui était implicitement inhérent aux données jetées dans la double mâchoire des équations. Pour employer une image triviale qu'on me pardonnera, j'espère, les raisonnements mathématiques sont tout à fait analogues à ces machines qu'on voit à Chicago — à ce que disent les hardis explorateurs de l'Amérique, — à l'entrée desquelles on met des bestiaux vivants et qui restituent à la sortie d'odorantes charcuteries. Nul parmi les spectateurs n'eût pu ou du moins n'eût voulu tenter d'absorber l'animal vivant, tandis que, sous la forme où il se présente à la sortie, il est immédiatement assimilable et digéré, bien que ceci ne soit que cela convenablement trituré. Ce n'est pas autre chose que font les mathématiques. Elles extraient des *données* toute leur substantifique moelle par le moyen d'une machinerie merveilleuse et qui est efficace, là où les rouages du raisonnement verbal, là où l'imbrication des syllogismes seraient bientôt arrêtés et coincés. Faut-il en conclure que les mathématiques ne sont pas, à proprement parler, des sciences, ou faut-il du moins en conclure qu'elles ne sont sciences qu'autant qu'elles se modèlent sur la réalité et se nourrissent de données expérimentales, puisque « l'expérience est la source unique de la vérité, » et puisque la science est la recherche de la vérité ? Je me garderai bien de répondre à cela, étant de ceux qui pensent que tout est matière de science. Cette question n'en méritait pas moins d'être posée, étant donné qu'on a peut-être un peu trop tendance chez nous à considérer une éducation purement mathématique comme constituant une éducation scientifique. Rien n'est plus faux. La mathématique pure n'est par elle-même qu'une forme abréviative donnée au langage et à la pensée logique. Elle ne peut rien nous apprendre intrinsèquement sur le monde extérieur ; elle ne peut nous renseigner sur lui qu'autant qu'elle s'y lie docilement. C'est de la mathématique surtout qu'on pourrait dire : *naturæ non imperatar nisi parendo*.

Les théories d'Einstein ne sont-elles, comme certaines personnes mal informées l'ont prétendu, qu'un jeu de formules transcendantes (et j'entends ce mot à la fois au sens des mathématiciens et dans celui des philosophes) ? Si elles n'étaient qu'un vertigineux édifice mathématique où les x enroulent leurs volutes en arabesques étourdissantes, où les intégrales au col de cygne dessinent des motifs Louis XV, elles ne seraient pas, elles ne seraient guère intéressantes pour le physicien, pour celui qui regarde et examine la nature des choses avant d'en disserter. Elles ne seraient, comme toutes les métaphysiques cohérentes, qu'un système plus ou moins plaisant, mais dont on ne peut démontrer l'exactitude ou la fausseté.

La théorie d'Einstein est bien autre chose, bien plus que cela. C'est sur les faits qu'elle se fonde. C'est aussi à des faits, à des faits nouveaux Qu'elle aboutit. Jamais une doctrine philosophique, jamais non plus une construction mathématique purement formelle n'a fait découvrir des phénomènes nouveaux. C'est parce qu'elle en a fait découvrir que la théorie d'Einstein n'est ni l'une ni l'autre. C'est cela qui différencie la théorie scientifique de la spéculation pure et qui fait, j'ose le dire, la supériorité de celle-là. Ainsi qu'un audacieux pont suspendu jeté à travers l'abime, la synthèse d'Einstein s'appuie, d'un côté, sur des phénomènes expérimentaux pour aboutir, par son côté opposé, à d'autres phénomènes jusquelà insoupçonnés, et que grâce à elle on découvre. Entre ces deux solides piliers phénoménaux, le raisonnement mathématique est l'enchevêtrement merveilleux des milliers de croisillons d'acier qui dessinent l'architecture élégante et translucide du pont. Il est cela, il n'est que cela. Mais l'agencement des poutrelles et des croisillons pourrait être différent et le pont réunir quand même, — avec moins de gracieuse légèreté peut-être, — les faits où il s'arcboute des deux parts.

En un mot, le raisonnement mathématique n'est qu'un raisonnement déduit dans un langage particulier entre des prémisses expérimentales et des conclusions justiciables dd l'expérience et vérifiables par elle. Or il n'est point de langage qui, — tant bien que mal, — ne puisse être traduit dans un autre langage. Les hiéroglyphes eux-mêmes ont dû céder devant Champollion. C'est pourquoi finalement je suis persuadé que les difficultés mathématiques des théories d'Einstein seront un jour remplacées par un jeu de formules plus simples et plus accessibles. C'est pourquoi je crois aussi qu'il doit être dès maintenant possible de donner, au moyen du langage ordinaire, une idée, peut-être un peu superficielle, mais pourtant exacte et, dans les grandes lignes, complète, de ce merveilleux monument : einsteinien où toutes les conquêtes de la science viennent aujourd'hui se classer, ainsi qu'en un admirable musée, dans un ordre nouveau et d'une splendide unité. Essayons.

* * *

On peut récapituler très brièvement de la manière suivante ce qui a été l'origine, la tranchée de départ du système d'Einstein : 1° l'observation des astres prouve que l'espace interplanétaire n'est pas vide, mais est occupé par un milieu particulier, l'éther, dans lequel se propagent les ondes lumineuses ; 2° l'existence de l'aberration et d'autres phénomènes semble prouver que l'éther n'est pas entraîné par la terre dans son mouvement circomsolaire ; 3° l'expérience de Michelson semble prouver au contraire que l'éther est entraîné par la terre dans ce mouvement.

Cette contradiction entre des faits également bien établis a fait pendant des années le désespoir et l'étonnement des physiciens. Elle fut le nœud gordien de la science. On chercha longtemps et en vain à le dénouer, jusqu'à ce qu'Einstein, d'un seul coup de son esprit merveilleusement aiguisé, le tranche net.

Pour comprendre comment cela se fit, — et là est le point vital de tout le système, — il nous faut revenir un peu sur les conditions exactes de la fameuse expérience de Michelson.

J'ai récemment indiqué ici même que Michelson s'est proposé d'étudier la vitesse de propagation d'un rayon lumineux que l'on produit au laboratoire et qui est dirigé de l'Est à l'Ouest ou de l'Ouest à l'Est, c'est-à-dire suivant la direction même où la terre se meut, à la vitesse de 30 kilomètres environ par seconde, dans son mouvement autour du soleil. Soit donnée la vitesse de la lumière dans l'éther qui est à peu de chose près de 300 000 kilomètres par seconde. Si le rayon lumineux étudié se propage dans le même sens que la terre, l'observateur qui le reçoit à l'autre extrémité du laboratoire et qui fuit devant lui à la vitesse de 30 kilomètres par seconde (puisque la lumière progresse dans l'éther immobile) devra constater que ce rayon lumineux lui parvient avec une vitesse égale à 300 000 — 30 kilomètres. Si au contraire ce rayon était dirigé en sens inverse, l'observateur placé à l'opposé de sa position précédente, et allant à la rencontre du rayon avec une vitesse de 30 kilomètres à la seconde, devrait trouver qu'il lui arrive avec une vitesse, par rapport à lui, de 300 000 + 30 kilomètres. Or on ne trouve aucune différence quand on fait l'expérience. Pour éviter une confusion qui se produit quelquefois, il convient de rappeler que la translation de la terre autour du soleil l'entraîne à une vitesse de 30 kilomètres par seconde, tandis que la rotation de la terre sur elle-même ne déplace sa surface qu'avec une vitesse négligeable par rapport à celle-là et qui est toujours inférieure à un demi-kilomètre par seconde. Mais en réalité l'expérience de Michelson est un peu plus compliquée que je ne viens de l'expliquer schématiquement et il importe d'y revenir. En fait, elle revient à disposer dans le laboratoire quatre miroirs équidistants et se faisant face deux à deux. Deux des miroirs opposés sont placés suivant la direction Est-Ouest, direction du mouvement de translation de la terre autour du soleil ; les deux autres sont placés suivant la direction perpendiculaire à la précédente, la direction Nord-Sud. On produit deux rayons lumineux se propageant respectivement suivant les directions des deux couples de miroirs. Les rayons provenant du miroir Est vont au miroir Ouest, sont réfléchis par lui et reviennent au miroir Est. Ce rayon est amené à coïncider avec le rayon qui a fait le trajet aller et retour entre les miroirs Nord-Sud ; il interfère avec lui en produisant des franges d'interférences, qui, ainsi que je l'ai expliqué, permettent de connaître exactement la différence des trajets parcourus par les deux rayons entre les miroirs. S'il se produisait, une variation de la différence entre ces deux distances, on verrait immédiatement se déplacer un certain nombre des franges, d'interférences, ce qui fournirait la grandeur de cette variation.

Et maintenant une analogie va nous faire comprendre ce qui se passe : supposons qu'un vent violent et régulier Est-Ouest souffle au-dessus de Paris et qu'un avion se propose de faire le trajet d'Auteuil à Charenton et retour sans escale, c'est-à-dire contre le vent à l'aller et avec le vent en poupe au retour. 12 kilomètres séparent Auteuil de Charenton. Supposons qu'en même temps un autre avion identique au premier se propose de franchir, en partant également d'Auteuil, un trajet aller et retour entre Auteuil et un point situé à 12 kilomètres au Nord. De la sorte, ce deuxième avion aura, à l'aller comme au retour, un trajet perpendiculaire à la direction du vent. Ces deux avions étant supposés partir en même temps et faire demi-tour instantanément, seront-ils de retour en même temps à Auteuil, et sinon, quel est celui qui aura fini son double parcours le premier ?

S'il n'y avait pas de vent, il est clair que les deux avions seraient de retour en même temps puisqu'ils parcourent tous deux 24 kilomètres à la même vitesse, que je suppose, pour fixer les idées, de 200 mètres à la seconde.

Mais il n'en sera plus de même s'il y a du vent soufflant dans la direction Est-Ouest, ainsi que je l'ai supposé. Il est facile de voir, dans ces conditions, que l'avion qui va d'Auteuil à Charenton et retour aura fini son parcours plus tard que l'autre avion. En effet, admettons, pour fixer les idées, que le vent ait la même vitesse que l'avion (200 mètres par seconde). L'avion, qui va perpendiculairement au vent, sera déporté vers l'Ouest de 12 kilomètres, pendant qu'il franchit lui-même 42 kilomètres. Il aura donc franchi *dans le vent* une distance réelle égale à la diagonale d'un carré de 12 kilomètres de côté. Au lieu de franchir 24 kilomètres, il en aura franchi réellement 34 dans le vent, qui est le milieu par rapport auquel il possède sa vitesse.

En revanche, l'avion qui part d'Auteuil vers l'Est n'arrivera jamais à Charenton, puisqu'il est déporté vers l'Ouest, chaque seconde, d'une quantité égale à celle dont il progresse vers l'Est ; il restera sur place ; il lui faudrait donc franchir *dans le vent* une distance *infinie* pour effectuer son voyage.

Si, au lieu de supposer au vent une vitesse égale à celle de l'avion (ce qui est un cas limite choisi pour la clarté de ma démonstration), je lui avais attribué une vitesse plus faible, on trouverait pareillement, et par un calcul très simple, que pour effectuer son trajet aller et retour, l'avion Nord-Sud parcourt dans le vent un espace moins grand que l'avion Est-Ouest.

Remplaçons nos avions par des rayons lumineux, le vent par l'éther, et nous aurons presque exactement les conditions de l'expérience de Michelson. Un courant d'éther, un vent d'éther (puisque celui-ci a été antérieurement reconnu immobile par rapport à la translation terrestre), va de l'un à l'autre de nos deux miroirs Est-Ouest. Donc le rayon lumineux qui fait le trajet aller et retour entre ces deux miroirs doit parcourir dans l'éther un trajet plus long que le rayon qui fait le trajet aller et retour entre les miroirs Nord-Sud. Comment mettre en évidence cette différence, assurément très faible, puisque la terre a une vitesse infime par rapport à celle de la lumière, 10 000 fois plus petite ?

Il y a pour cela un moyen très simple, un de ces artifices ingénieux chers à la malice des physiciens, un de ces procédés différentiels dont l'élégance et la netteté donnent toute sécurité.

Supposons que mes quatre miroirs soient collés, placés rigidement sur un plateau, un peu semblable aux tourniquets numérotés des loteries foraines. Supposons qu'on puisse faire tourner à volonté, sans choc et sans le déformer, ce plateau, ce qui est aisé si on le fait flotter sur un bain de mercure. J'observe à la loupe les franges d'interférences immobiles qui définissent la différence des trajets parcourus par mes rayons lumineux Nord-Sud et Est-Ouest. Puis, sans perdre de l'œil ces franges, je fais tourner mon plateau d'un quart de cercle ; cette rotation fait que les miroirs qui étaient Est-Ouest deviennent Nord-Sud et réciproquement. Le double trajet parcouru par le rayon lumineux Nord-Sud est devenu Est-Ouest, s'est donc soudain allongé ; au contraire, le double trajet du rayon Est-Ouest est devenu Nord-Sud, s'est donc soudain raccourci. Les franges d'interférences, qui indiquent la différence de longueur de ces deux trajets, laquelle a soudain beaucoup varié, doivent nécessairement s'être déplacées, et d'une grande quantité, ainsi que le montre le calcul.

Eh bien ! pas du tout. On constate une immobilité complète des franges. Elles n'ont pas plus bougé que souches. C'est renversant, révoltant même, car enfin la précision de l'appareil est telle que, si la terre n'avançait dans l'éther qu'à la vitesse de 3 kilomètres par seconde (dix fois moins que sa vitesse réelle !), le déplacement des franges serait suffisant pour manifester cette vitesse.

* * *

Lorsque fut connu le résultat négatif de cette expérience, ce fut presque de la consternation parmi les physiciens. Puisque l'éther, — cela avait été prouvé par l'observation, — n'était pas entraîné par la terre, comment était-il possible qu'il se comportât tout de même que s'il avait participé à son mouvement ? Casse-tête chinois, qui ébranla mainte tête chenue et vénérable. Il fallait à toute force sortir de cette inexplicable contradiction, venger ce paradoxal pied de nez que les faits décochaient aux prévisions les plus sûres du calcul. C'est ce qu'on fit. Comment ? Mais par la méthode habituelle en pareil cas, par des hypothèses supplémentaires. Les hypothèses sont dans la science une sorte de mortier souple, et rapidement durci à l'air libre, qui permet d'une part de joindre les blocs disparates d'un édifice, d'autre part de remplir par du faux, que le passant superficiel prendra demain pour de la pierre de taille, les brèches creusées dans la muraille par les projectiles adventices. Et c'est parce que les hypothèses sont dans la science quelque chose qui ressemble à cela, que les meilleures théories scientifiques sont celles dont l'assemblage comporte le moins d'hypothèses.

Mais j'ai tort d'écrire, à propos de tout ceci, ce mot au pluriel, car il se trouva finalement qu'une seule et unique hypothèse permettait, à l'exclusion de toute autre, d'expliquer convenablement le résultat négatif de l'expérience de Michelson. Ceci d'ailleurs est rare et remarquable, car en général les hypothèses poussent comme des champignons dans chaque coin un peu sombre de la science, et on en trouve tout de suite vingt différentes pour expliquer la moindre incertitude.

Cette hypothèse unique qui semblait pouvoir tirer, les physiciens de l'embarras où les avait plongés Michelson fut imaginée d'abord par le savant irlandais Fitzgerald, puis reprise et fécondée par l'illustre Hollandais Lorentz, le Poincaré néerlandais, qui est un des plus merveilleux cerveaux de ce temps, et sans qui Einstein n'aurait pas plus existé que Kepler n'eût existé sans Copernic et Tycho-Brahé.

Voici maintenant en quoi consiste l'hypothèse aussi simple qu'étrange de Fitzgerald-Lorentz…

Mais auparavant, une remarque importante s'impose Beaucoup de bons esprits ont, — d'ailleurs après coup, — prétendu que le résultat de l'expérience de Michelson ne pouvait être que négatif *a priori*. En effet, — ont-ils raisonné, ou à peu près, — le principe de relativité classique, celui que Galilée et Newton connaissaient déjà, veut qu'il soit impossible à un observateur participant à la translation uniforme d'un véhicule, de mettre en évidence, par des faits observés sur le véhicule, les mouvements de celui-ci. Cela fait que quand deux navires ou deux trains se croisent,[1] il est impossible aux passagers de connaître lequel est en mouvement, lequel va plus vite : tout ce qu'ils peuvent connaître, c'est la vitesse de l'un des trains ou des navires, par rapport à l'autre. On ne peut connaître que des vitesses relatives. Or, ont dit les bons esprits auxquels je fais allusion, si l'expérience Michelson avait donné un résultat positif, elle nous aurait fait connaître la vitesse absolue de la terre dans l'espace. Ce résultat aurait été contraire au principe de relativité de la philosophie et de la mécanique classiques qui est une vérité d'évidence. Donc, il ne pouvait être que négatif.

Il y a là, ainsi qu'on va voir, une ambiguïté et, — si j'ose ainsi m'exprimer, — une erreur de raisonnement, à laquelle il semble que n'aient pas échappé certains physiciens remarquables et notamment le professeur Eddington, qui est pourtant le plus averti des einsteiniens anglais. Par lui furent organisées les observations de l'éclipse du 29 mai 1919 qui ont fourni, comme nous verrons, la vérification la plus frappante des inductions d'Einstein.

Tout d'abord, si l'expérience de Michelson avait donné un

1 On suppose, bien entendu, qu'il n'y a ni roulis ni tangage dans le navire ni trépidation dans le train.

résultat positif, ce qu'elle aurait mis en évidence, c'est la vitesse de la terre par rapport à l'éther. Mais, pour que cette vitesse fût une vitesse absolue, il faudrait que l'éther fût identique à l'espace. Rien n'est moins certain que cette identité, et la preuve, c'est que nous pouvons très bien concevoir entre deux astres un espace, ou, pour mieux dire, une discontinuité, vide d'éther même, et à travers laquelle ne se propagerait ni la lumière, ni aucune des formes d'énergie connues.

Lorsque Eddington dit qu' « il est légitime et rationnel, » qu'il est « inhérent aux lois fondamentales de la nature, » qu'on ne puisse déceler un mouvement des objets par rapport à l'éther, que cela est certain, « même si les preuves expérimentales sont insuffisantes, » il affirme une chose qui ne serait évidente que si l'identité de l'espace et de l'éther était elle-même évidente. Or, il n'en est rien. Si l'expérience de Milchelson avait donné un résultat positif, si on avait décelé une vitesse de la terre, aurait-on décelé une vitesse par rapport à un point de repère absolu ? Nullement. Il se peut, il se pourrait très bien que l'Univers stellaire que nous connaissons, avec ses centaines de milliers de Voies Lactées que la lumière ne franchit qu'en des millions d'années, il se peut que tout cela soit le contenu d'une bulle d'éther qui roule dans un abîme vide d'éther et semé çà et là d'autres univers, d'autres gouttes d'éther gigantesques dont rien, dont aucun rayon lumineux ne nous viendra jamais. Ceci n'est en tout cas pas inconcevable. Mais alors, l'éther ayant les propriétés que lui attribue la physique classique, si le mouvement de la terre par rapport à lui avait pu être décelé, ce n'est pas un mouvement *absolu* qu'on aurait connu, c'est tout au plus un mouvement par rapport au centre de gravité de notre univers à nous, point de repère lui-même irréductible à un autre absolument immobile. Le principe de relativité classique n'aurait été en rien choqué.

Le résultat de l'expérience de Michelson pouvait donc, dans ces hypothèses, être aussi bien positif que négatif sans heurter, — quoi qu'on en ait dit, — le relativisme classique. En fait, il s'est trouvé négatif, et voilà tout : l'expérience a prononcé, mais elle seule pouvait prononcer.

Ces nuances n'ont pas échappé à Poincaré,[1] qui disait notamment :

---

1 Il est assez digne de remarque que, dans tout ceci, la démarche de la pensée de

« Par véritable vitesse de la terre, j'entends, non sa vitesse absolue, ce qui n'a aucun sens, mais sa vitesse par rapport à l'éther… » L'existence possible d'une vitesse décelable par rapport à l'éther n'apparaissait donc nullement comme une absurdité à celui qui a écrit : « Quiconque parle de l'espace absolu emploie un mot vide de sens. »

L'expérience, seule, a prouvé et était capable de prouver qu'on ne peut mesurer la vitesse d'un objet par rapport à l'éther. Mais enfin, elle l'a bien prouvé. Et après tout, puisqu'il est évidemment dans la nature des choses que nous ne puissions déceler de mouvement absolu, n'est-ce pas parce que la vitesse de la terre par rapport à l'éther constitue une vitesse absolue, que nous n'avons pu la déceler ? Peut-être, mais c'est indémontrable. Si oui, — mais il n'est pas sûr que ce soit oui, — c'est finalement l'*expérience*, seule source de la vérité, qui tend à nous montrer ainsi, indirectement, que l'éther est réellement identique à l'espace. Mais alors un espace vide d'éther, ou

---

Poincaré a marqué quelque hésitation. A propos d'expériences analogues à celles de Michelson, il s'écriait : « Je sais ce qu'on va dire, ce n'est pas sa vitesse absolue qu'on mesure, c'est sa vitesse par rapport à l'éther. Que cela est peu satisfaisant ! Ne voit-on pas que du principe ainsi compris on ne pourra plus rien tirer. » Par où l'on voit que Poincaré, bon gré mal gré, et tout en s'en défendant, avait une tendance à trouver « peu satisfaisante » la discrimination de l'espace et de l'éther. J'avoue que l'argument de Poincaré ne me parait pas, lui non plus, tout à fait satisfaisant, ou du moins convaincant. « La nature a dit Fresnel, ne se soucie pas des difficultés analytiques. » Je pense qu'elle ne se soucie pas non plus des difficultés philosophiques ou purement physiques. Penser qu'une conception des phénomènes est d'autant plus adéquate au réel qu'elle est plus « satisfaisante, » qu'elle s'adapte mieux aux infirmités de notre esprit n'est peut-être pas un critérium inattaquable. Sinon, il faudrait bon gré mal gré en arriver à penser que l'Univers est nécessairement adapté aux catégories de notre esprit, qu'il est constitué de manière à nous causer le moins de perplexités possibles. Ce serait, par un chemin détourné, un étrange retour au finalisme et à l'orgueil anthropocentriques. Le fait que les voitures n'y passent pas, et que les passants y doivent rebrousser chemin ne prouve pas qu'il n'y ait pas des impasses dans nos villes. Il y a peut-être et même probablement aussi des impasses dans l'Univers considéré comme objet de science. Assurément on peut me répondre : ce n'est pas l'Univers qui est adapté à notre esprit, mais au contraire celui-ci a celui-là par l'évolution nécessaire due au frottement réciproque de l'un sur l'autre. Notre esprit doit évoluer en s'adaptant su mieux à l'Univers, c'est-à-dire de sorte que le principe de moindre action de Fermât, — qui est peut-être le plus profond principe du monde physique, biologique et moral, — soit réalisé. Et alors les conceptions les plus économiques, les plus simples sont bien les plus adéquates à la réalité. Oui, mais qu'est-ce qui prouve que notre évolution conceptuelle est achevée et parfaite, surtout quand il s'agit de phénomènes auxquels notre organisme est insensible ?

dans lequel rouleraient des bulles d'éther, cesse d'être concevable, et il n'existe rien qu'une masse unique d'éther où baignent les astres. En un mot, le résultat négatif de l'expérience de Michelson ne pouvait être déduit *a priori* de l'identité problématique de l'espace absolu et de l'éther. Mais ce résultat négatif ne permet pas d'exclure *a posteriori* cette identité.

Il importe que nous revenions maintenant à nos moutons, je veux dire à l'hypothèse de Fitzgerald-Lorentz qui explique le résultat de l'expérience de Michelson, et qui fut en quelque sorte le tremplin d'où Einstein prit son essor. Voici cette hypothèse.

Le résultat de l'expérience est celui-ci : quand le parcours aller et retour d'un rayon lumineux entre deux miroirs est transversal au mouvement de la terre à travers l'éther, et qu'on le rend parallèle à ce mouvement, on devrait constater que ce parcours a été allongé. Or, on constate qu'il n'en est rien. *Cela provient, d'après Fitzgerald et Lorentz, de ce que les deux miroirs se sont rapprochés dans le second cas, autrement dit de ce que le support sur lequel ils sont fixés s'est contracté dans le sens du mouvement de la Terre, et s'est contracté d'une quantité qui compense exactement l'allongement, qu'on aurait dû observer, du parcours des rayons lumineux.*

Or, en refaisant l'expérience avec les appareils les plus variés, on constate que le résultat est toujours le même (aucun déplacement des franges). Donc, la nature de la matière formant l'instrument (métal, verre, pierre, bois, etc.) n'a aucune influence sur le résultat observé. Donc, tous les corps subissent, dans le sens de leur vitesse par rapport à l'éther, un raccourcissement, une contraction. Cette contraction est telle qu'elle compense exactement l'allongement du trajet des rayons lumineux entre deux points de cette matière. Cette contraction est donc d'autant plus grande que la vitesse des corps par rapport à l'éther est plus grande.

Telle est l'explication proposée par Fitzgerald. Elle paraît au premier abord tout à fait étrange et arbitraire, et pourtant il n'y a pas d'autre moyen plausible d'expliquer le résultat de l'expérience de Michelson. D'ailleurs, si on y réfléchit, cette contraction paraît bientôt une chose moins extraordinaire, moins choquante pour le sens commun qu'il ne semblait d'abord. Si on jette très vite, contre un obstacle, un objet déformable, tel qu'un de ces petits ballons de baudruche que les enfants tiennent en laisse, on constate qu'il est légèrement déformé par l'obstacle, et précisément dans le sens de la contraction Fitzgerald-Lorentz. Le ballon cesse d'être sphérique, il s'aplatit un peu et de telle sorte que son diamètre dans la direction de l'obstacle devient plus petit. C'est après tout, avec plus de violence, le même phénomène qui se produit lorsqu'un grain de plomb ou une balle vient s'aplatir sur un blindage. Si donc les corps solides sont déformables, — et ils le sont, puisque le froid suffit à resserrer leurs molécules, — il n'y a après tout rien d'absurde, rien d'impossible à ce qu'un violent vent d'éther les déforme. Mais ce qui est beaucoup moins admissible, c'est que cette déformation soit identiquement la même, dans des conditions données, pour tous les corps, quelle que soit la matière dont ils sont formés. Notre petit ballon de tout à l'heure ne serait pas du tout déformé autant, s'il était en acier au lieu d'être en baudruche.

Enfin, il y a dans cette explication quelque chose de tout à fait invraisemblable, quelque chose qui choque à la fois le bon sens et sa caricature, le sens commun. Est-il admissible que la contraction des corps, quelles que soient les circonstances des expériences (et on les a beaucoup variées), compense toujours exactement l'effet optique qu'on cherche à déceler ? Est-il admissible que la nature agisse comme si elle jouait à cache-cache avec nous ? Par quel mystérieux hasard se trouverait-il pour chaque phénomène une circonstance spéciale, providentiellement et exactement compensatrice ? Evidemment, il doit y avoir quelque affinité, quelque liaison, d'abord inaperçue, qui lie étroitement la mystérieuse contraction matérielle de Fitzgerald et l'allongement, compensé par elle, des trajets lumineux. Nous verrons tout à l'heure comment Einstein a élucidé le mystère, démonté le mécanisme jumelé qui lie les deux phénomènes, et projeté sur tout cela un faisceau de brillante lumière. Mais n'anticipons pas…

Elle est d'ailleurs extrêmement faible, la contraction de l'appareil dans l'expérience de Michelson. Elle l'est tellement que si l'appareil avait une longueur égale au diamètre de la terre, c'est-à-dire 12 000 kilomètres, il ne serait raccourci dans le sens de la translation terrestre que de 6 centimètres et demi ! C'est dire que ce raccourcissement de l'appareil ne pourrait, étant donné son extrême petitesse, en aucun cas, être mesurable au laboratoire.

Mais il y a une autre raison à cela : même si l'appareil de Michelson était raccourci de plusieurs centimètres (c'est-à-dire même si la terre avait une translation des milliers de fois plus rapide), cela ne pourrait être ni mesuré ni constaté. En effet, les mètres dont nous nous servirions pour faire cette mesure seraient raccourcis proportionnellement d'autant. La déformation d'un objet terrestre par la contraction de Fitzgerald-Lorentz ne peut être en aucun cas mise en évidence par un observateur terrestre. Seul pourrait la constater un observateur ne participant pas à la translation terrestre et placé par exemple sur le soleil, ou sur une planète lente, comme Jupiter ou Saturne.

Autrement dit, Micromégas, avant que de quitter, pour nous faire visite, sa planète d'origine, aurait pu, par des moyens optiques, constater que la sphère terrestre est raccourcie de quelques centimètres dans la direction de son orbite, supposé que l'aimable héros voltairien fût muni d'appareils de triangulation infiniment plus précis que ceux de nos géodésiens et de nos astronomes. Arrivé sur la terre, Micromégas, muni des mêmes appareils précis, eût été dans l'impossibilité de constater à nouveau ce raccourcissement. Il en eût éprouvé assurément une grande surprise jusqu'à ce que, rencontrant Einstein, celui-ci lui eût expliqué, — comme il fera pour nous, — et élucidé le mystère. Mais je n'ai hélas ! pas le loisir ni l'espace, — car c'est ici surtout que l'espace est relatif, et sans cesse raccourci par le mouvement même de la plume, — pour décrire aujourd'hui ce qu'aurait pu être le dialogue de Micromégas et d'Einstein. Peut-être d'ailleurs, pour rester dans la vraisemblance du pastiche, ce dialogue eût-il été fort superficiel, car — ceci dit confidentiellement, — je crois bien que Voltaire, encore qu'il en ait fort discuté, n'a jamais trop bien compris Newton, lequel était moins difficile qu'Einstein. Mme du Chatelet non plus, dont on a fort vanté à tort la traduction des Principes… des immortels Principes… Cette traduction fourmille de non-sens prouvant que, si elle savait bien le latin, l'Égérie du philosophe n'entendait guère le Newton. Mais tout ceci est une autre affaire, comme dit Marc Twain, et sur laquelle je reviendrai peut-être quelque jour.

* * *

Selon l'heure et la saison où l'on fait l'expérience de Michelson ou les expériences analogues, la translation de l'appareil dans l'éther a des vitesses variables. Comme la compensation se produit toujours exactement, on peut se proposer de calculer la loi exacte qui règle la contraction en fonction de la vitesse, et rend celle-là, ainsi qu'on le constate, exactement compensatrice pour toutes les vitesses. C'est ce qu'a fait Lorentz. Si nous désignons par V la vitesse de la lumière, par v la vitesse du mobile dans l'éther, Lorentz a trouvé que, pour qu'il y ait compensation dans tous les cas, il faut que la longueur du corps mobile soit raccourcie, dans le sens de sa marche, dans la proportion de 1 à (FORMULE). Si à titre d'exemple nous prenons le cas de la translation terrestre où v= 30 km., on voit que la terre est raccourcie suivant son orbite dans la proportion de 1 à (FORMULE) ; La différence entre ces deux nombres est de 1/200 000 000, et la deux-cent-milionième partie du diamètre terrestre est égale à 6 centimètres et demi. C'est le nombre déjà trouvé.

Cette formule, qui donne la valeur de la contraction dans tous les cas, est élémentaire, et il n'est pas un élève de troisième qui n'en comprenne la signification. Elle nous permet de calculer la valeur du raccourcissement pour toute valeur de la vitesse. On en déduit facilement que si la terre avait une vitesse non plus de 30 kilomètres, mais de 260 000 kilomètres par seconde, elle serait raccourcie de moitié dans le sens de son déplacement (sans avoir ses dimensions altérées dans le sens perpendiculaire). Ainsi, à cette vitesse, une sphère devient un ellipsoïde aplati dont le petit axe égale la moitié du grand ; à cette vitesse un carré devient un rectangle dont le côté parallèle au mouvement est deux fois plus petit que l'autre. Ces déformations doivent apparaître à un observateur immobile ; mais elles sont inappréciables à un observateur participant au mouvement, pour la raison que nous avons dite : les mètres et instruments de mesure et l'œil lui-même de cet observateur sont eux-mêmes également et pareillement déformés. Mettez-vous devant une de ces glaces étrangement bombées et déformantes qu'on voit dans certaines salles de spectacle ; les unes vous montreront de vous-même une image extraordinairement allongée sans que votre corpulence ait varié ; d'autres au contraire vous montreront une image où vous aurez votre hauteur habituelle mais où votre largeur sera grotesquement multipliée. Essayez pourtant, avec un mètre gradué, de mesurer dans la glace et sur ces images déformées, votre hauteur et votre largeur. Si votre taille réelle est de 1m, 70 et votre largeur réelle de 60 centimètres, le mètre juxtaposé à votre étrange image dans la glace vous indiquera toujours que ces images ont 1m, 70 de haut et 60 centimètres de large. C'est que le mètre vu dans la glace a subi les mêmes déformations que l'image.

Cela fait que, même si le globe terrestre avait la vitesse fantastique dont nous avons parlé plus haut, les habitants de la terre n'auraient aucun moyen de constater que la terre et qu'eux-mêmes sont raccourcis de moitié dans le sens Est-Ouest. Un homme de 1m, 70, couché et orienté du Nord au Sud dans un vaste lit carré, et à qui il prendrait fantaisie de se coucher ensuite en travers, orienté de l'Est à l'Ouest, n'aurait soudain plus que 0m, 85 de taille ; en revanche sa corpulence aurait doublé dans le même temps, puisque tout a l'heure c'est elle qui était orientée de l'Est à l'Ouest. Mais la terre ne se déplace que de 30 kilomètres par seconde, et sa déformation totale n'est dans ces conditions que de quelques centimètres. Or à côté de cette vitesse de la terre, celle de nos véhicules les plus rapides n'est que d'une faible fraction de kilomètre par seconde. Pour un avion faisant 360 kilomètres à l'heure, la vitesse n'est que de 100 mètres par seconde. La contraction Fitzgerald-Lorentz rnaxima de nos véhicules les plus rapides ne peut donc être que d'une fraction si infime de milliardième de millimètre qu'elle nous est complètement inappréciable. C'est pour cela, mais pour cela seulement, que la forme des objets solides qui nous sont familiers semble être invariable et constante, quelle que soit la vitesse à laquelle ils passent devant nos yeux. Il en serait tout autrement si cette vitesse était des centaines de milliers de fois plus grande.

Tout cela est bien étrange, bien étonnant, bien fantastique, bien difficile à admettre. Et pourtant cela est, si la contraction Fitzgerald-Lorentz, seule explication possible de l'expérience de Michelson, existe réellement. Mais nous avons déjà vu quelques-unes des difficultés qu'il y a à concevoir l'existence de cette contraction. Il y en a d'autres : si tout ce que nous venons de dire est vrai, les objets immobiles dans l'éther conserveraient donc seuls leur forme vraie ; celle-ci serait déformée dès qu'il y a mouvement dans l'éther. Parmi les objets que nous voyons sphériques dans le monde extérieur (planètes, étoiles, projectiles, gouttes d'eau, que sais-je), il y en aurait donc qui sont réellement des sphères, tandis que d'autres, parce que leur mouvement est plus rapide ou plus lent, ne seraient que des ellipsoïdes allongés ou aplatis que la vitesse a déformés ? Ainsi parmi les divers objets carrés il y en aurait qui seraient de vrais carrés, d'autres qui, animés de vitesses différentes par rapport à l'éther, ne seraient que des rectangles réels dont la vitesse a raccourci en apparence le plus long côté ? Et nous n'aurions aucun moyen de savoir jamais quels sont, parmi ces objets animés de vitesses différentes, ceux dont nous voyons la *vraie* forme, ceux dont la forme n'est qu'apparente, puisque nous ne pouvons en aucun cas, l'expérience de Michelson le prouve, déceler une vitesse par rapport à l'éther ?

Non, non, et cent fois non. Il y a dans tout cela trop de difficultés. Pourquoi parler sans cesse, comme fait Lorentz de vitesses par rapport à l'éther puisqu'aucune expérience ne peut mettre en évidence une pareille vitesse et que l'expérience est la source unique de la vérité scientifique ? Pourquoi d'autre part admettre que, parmi les objets sensibles, il en est de privilégiés qui, à l'exclusion des autres, se montrent sous leur aspect réel, sans déformation ? Pourquoi admettre une chose pareille qui, en soi, répugne à l'esprit scientifique toujours ennemi des exceptions dans la nature, — il n'est de science que du général, — surtout quand ces exceptions sont indiscernables ? Les choses en étaient là, — fort avancées, au point de vue de l'expression mathématique des phénomènes, mais fort embrouillées, décevantes, contradictoires et choquantes même, au point de vue physique — lorsque « enfin Malherbe vint »… je veux dire Einstein.

* * *

Première audace intelligente : Einstein, sans mettre l'éther au rang de ces fluides périmés qui comme le phlogistique ou les esprits animaux obstruaient les avenues de la science avant Lavoisier ; sans, dis-je, dénier à l'éther toute réalité, — car enfin quelque chose sert de support aux rayons qui nous viennent du soleil, — Einstein a remarqué d'abord que, dans tout ce qui précède, on parle sans cesse de vitesse par rapport à l'éther. On ne peut aucunement mettre en évidence de telles vitesses, et il serait peut-être plus simple de ne plus faire intervenir dans tous les raisonnements cette chose, réelle ou non, mais inaccessible et qui, dans la montée cahotante des physiciens à travers les ornières de toutes ces difficultés, joue seulement le rôle inefficace et gênant de la cinquième roue du carrosse électromagnétique. Premier point donc : Einstein provisoirement commence par laisser l'éther à l'écart de ses raisonnements ; il ne nie, ni n'affirme sa réalité ; il l'ignore d'abord. C'est ce que nous allons maintenant faire à son exemple. Nous ne parlerons plus, dans notre démonstration, du milieu dans lequel se propage la lumière. Nous ne considérerons celle-ci que par rapport aux êtres ou objets matériels qui l'envoient ou la reçoivent. Du coup notre marche va se trouver singulièrement allégée. Pour l'éther des physiciens, nous le reléguerons un moment au magasin des accessoires inutiles, à côté de l'éther suave, amorphe et vague… mais si précieux prosodiquement, des poètes.

Que montre en somme l'expérience de Michelson ? Qu'un rayon lumineux se propage à la surface de la terre exactement avec la même vitesse de l'Ouest à l'Est que de l'Est à l'Ouest. Imaginons au milieu d'une plaine deux canons identiques tirant, au même instant, par temps calme et sans vent, à la même vitesse initiale, deux projectiles semblables, l'un vers l'Ouest, l'autre vers l'Est. Il est clair que les deux projectiles mettront le même temps pour franchir des espaces égaux l'un vers l'Ouest, l'autre vers l'Est. Les rayons lumineux que nous pouvons produire sur la terre se comportent à cet égard, dans leur propagation, exactement comme ces obus. Il n'y aurait donc rien d'étonnant au résultat de l'expérience de Michelson si nous ne connaissions, des rayons lumineux, que ce que nous enseigne cette expérience. Mais poursuivons notre comparaison : considérons l'obus tiré par un de ces canons, et supposons qu'il tombe sur un blindage, sur une cible, en un certain point du champ de tir, et qu'en arrivant en ce point la vitesse restante de l'obus soit par exemple 50 mètres par seconde. Supposons cette cible montée sur un tracteur automobile. Si celui-ci est arrêté, la vitesse de l'obus par rapport à la cible sera, nous venons de le dire, de 50 mètres par seconde au point d'impact. Mais je suppose que le tracteur et la cible qu'il porte soient lancés, par exemple, à la vitesse de 10 mètres à la seconde (cela fait du 36 kilomètres à l'heure) dans la direction du canon, de telle sorte que la cible passe à sa position précédente exactement à l'instant où l'obus lui arrive. Il est clair que la vitesse de l'obus par rapport à la cible au moment où il l'atteint, ne sera plus 50 mètres, mais 50 + 10 = 60 mètres par seconde. Il est évident au contraire que cette vitesse ne serait plus, toutes choses égales d'ailleurs, que 50 — 10 = 40 mètres par seconde, si au lieu d'être lancée vers le canon la cible était lancée en sens inverse. Si la vitesse de la cible dans ce dernier cas était égale à celle de l'obus, il est clair que celui-ci ne la toucherait plus qu'avec une vitesse nulle. Tout cela va de soi-même, saute aux yeux. C'est pour cela que dans les music-halls les jongleurs peuvent recevoir, sur une assiette, des œufs frais tombant de très haut sans les casser : il leur suffit de donner à l'assiette, au moment du contact, une légère vitesse descendante qui amoindrit d'autant la vitesse du choc. C'est pour cela aussi, que les boxeurs habiles savent, par un léger mouvement, fuir devant le coup de poing, ce qui diminue sa vitesse efficace, tandis qu'au contraire, s'ils vont à sa rencontre, le coup est bien plus dur.

Si les rayons lumineux se comportaient en tout, — comme ils font dans l'expérience de Michelson, — de même que nos projectiles, qu'arriverait-il ? C'est que, lorsqu'on va très vite à la rencontre d'un rayon lumineux, on devrait trouver que ce rayon a, par rapport à l'observateur, une vitesse accrue, et qu'il a au contraire une vitesse diminuée lorsque l'observateur fuit devant lui. S'il en était ainsi, tout serait simple ; les lois de l'optique seraient les mêmes que celles de la mécanique, aucune contradiction entre elles n'aurait jeté l'émoi dans l'armée paisible des physiciens, et Einstein aurait dû employer à autre chose les ressources de son génie. Malheureusement, — ou peut-être heureusement, car, après tout, l'imprévu et le mystère seuls donnent du charme à la marche de ce monde, — il n'en est rien.

Les observations physiques, comme les astronomiques, montrent qu'en toutes circonstances, qu'on coure très vite au-devant de la lumière ou qu'on fuie devant elle, toujours elle a par rapport à l'observateur exactement la même vitesse. Il y a, en particulier, dans le ciel des étoiles qui s'éloignent ou se rapprochent de nous, c'est-à-dire dont nous nous éloignons ou nous rapprochons avec des vitesses de plusieurs dizaines et même de centaines de kilomètres par seconde. Eh bien ! l'astronome de Sitter a montré que la vitesse de la lumière qui nous en arrive est pour nous et toujours exactement la même.

Ainsi, on ne peut jamais, par aucun artifice, par aucun mouvement ajouter ou retrancher quelque chose à la vitesse avec laquelle nous parvient un rayon lumineux. L'observateur constate que la vitesse de la lumière est, par rapport à lui, toujours exactement la même, que cette lumière provienne d'une source qui s'éloigne ou qui se rapproche très vite, qu'il coure à la rencontre de cette lumière ou qu'il fuie devant elle. L'observateur peut toujours augmenter ou diminuer la vitesse par rapport à lui d'un obus, d'une onde sonore, d'un mobile quelconque, en s'élançant vers ce mobile ou en fuyant devant lui. Quand le mobile est un rayon lumineux, on ne peut rien faire de pareil. Ainsi, la vitesse d'un véhicule ne peut en aucun cas s'ajouter à celle de la lumière qu'il reçoit ou qu'il émet, ni s'en retrancher. Cette vitesse, limite de près de 300 000 kilomètres par seconde, qu'on observe toujours pour la lumière, est, à divers égards, analogue à la température de 273° au-dessous de zéro qu'on appelle le « zéro absolu » et qui est, elle aussi, dans la nature, une limite infranchissable.

Tout cela prouve que les lois qui règlent les phénomènes optiques ne sont pas les mêmes que les lois classiques des phénomènes mécaniques. C'est à concilier, à réconcilier ces lois apparemment contradictoires que s'est attaché Lorentz, après Fitzgerald, par l'hypothèse étrange de la contraction.

Mais voici que, lumineusement, Einstein va nous montrer que cette contraction est une chose parfaitement naturelle lorsqu'on abandonne certaines conceptions erronées… encore que classique, qui présidaient à notre manière, habituelle, ancestrale, d'apprécier les longueurs et les temps.

Considérons un objet quelconque, une règle par exemple. Qu'est-ce qui définit pour nous la longueur apparente de cette règle ? C'est l'image délimitée sur notre rétine par les deux rayons provenant des deux extrémités de la règle, et qui parviennent à notre pupille *simultanément*. J'ai souligné à dessein ce mot, car il est ici la clef de tout. Si notre règle est immobile devant nous, cela est tout simple. Mais si on la déplace pendant que nous la regardons, ce l'est moins. Ce l'est même si peu, qu'avant Einstein, la plupart des plus grands savants et toute la science classique ont pensé que l'image instantanée d'un objet indéformable était nécessairement et toujours identique et indépendante des vitesses de l'objet et de l'observateur. C'est que toute la science classique raisonnait comme si la propagation de la lumière avait été elle-même instantanée, avait eu une vitesse infinie, ce qui n'est pas.

Je suis sur le talus, au bord d'une ligne de chemin de fer ; sur la voie il y a un de ces beaux wagons allongés de la Compagnie des wagons-lits, où il est si agréable de penser que l'espace est relatif, au sens galiléen du mot. Je fais planter tout au bord de la voie deux piquets l'un bleu, l'autre rouge, qui marquent exactement les extrémités de ce wagon et qui encadrent tout juste sa longueur. Puis, sans quitter mon poste d'observation qui est sur le talus, face au milieu du wagon, j'ordonne que celui-ci soit ramené en arrière et attelé à une locomotive d'une puissance inouïe qui va le faire passer devant moi à une vitesse fantastique, des millions de fois supérieure a toutes celles qu'ont pu réaliser les ingénieurs... tant est grande la supériorité potentielle de l'imagination sur la médiocre réalité. Je suppose aussi que ma rétine est parfaite et constituée de telle sorte que les impressions visuelles n'y durent qu'autant que la lumière qui les provoque. Ces hypothèses un peu arbitraires n'entrent pour rien dans le fond de la démonstration ; elles la rendent seulement plus commode. Et maintenant voici la question. Quand le wagon-lit, que je suppose fait, d'ailleurs, d'un acier indéformable, passera à toute vitesse devant moi, aura-t-il pour moi exactement la même longueur apparente que lorsqu'il était au repos ? Autrement dit, à l'instant où je verrai son extrémité avant coïncider en passant avec le piquet bleu que j'ai fait planter, verrai-je son extrémité arrière coïncider en même temps avec le piquet rouge ? A cette question Galilée, Newton et tous les tenants de la science classique auraient répondu oui. Et pourtant la réponse est *non* : les faits, arbitres souverains de toutes nos controverses, vont nous le prouver.

Je suis, rappelons-le, placé au bord de la voie, à égale distance des deux piquets. Lorsque l'extrémité antérieure du wagon coïncide avec le piquet bleu, elle envoie vers mon œil un certain rayon lumineux (que j'appelle pour simplifier rayon-avant) qui coïncide avec le rayon que m'envoie le piquet bleu. Ce rayon-avant atteint mon œil *en même temps* qu'un certain rayon venu de l'extrémité arrière du wagon (et que j'appelle pour simplifier rayon-arrière). Le rayon-arrière coïncide-t-il avec le rayon que m'envoie le piquet rouge ? Evidemment non : en effet le rayon-avant s'éloigne de l'extrémité avant du wagon avec la même vitesse que le rayon-arrière de l'extrémité arrière (comme le constaterait un voyageur qui, dans le wagon, ferait sur ces rayons l'expérience de Michelson). Mais l'extrémité avant du wagon s'éloigne de mon œil tandis que l'extrémité arrière s'en approche. Par conséquent le rayon-avant se propage vers mon œil plus lentement que le rayon-arrière, sans que je puisse d'ailleurs m'en apercevoir, puisque à leur arrivée je trouve la même vitesse aux deux rayons. Par conséquent, le rayon-arrière qui arrive à mon œil en même temps que ledit rayon-avant, a dû quitter l'extrémité arrière du wagon plus tard que le rayon-avant n'a quitté son extrémité avant. Donc lorsque je vois le bord antérieur du wagon coïncider avec le piquet bleu, je vois simultanément le bord arrière du wagon qui a déjà dépassé depuis un certain temps le piquet rouge. Donc la longueur du wagon lancé à toute vitesse, et telle qu'elle m'apparait, est plus petite que la distance des deux piquets, laquelle marquait la longueur du wagon au repos.

J'ose espérer qu'avec un peu d'attention, tout le monde comprendra cette démonstration dont la simplicité élémentaire n'a point été obtenue sans peine. Il en résulte que le wagon ou, d'une manière générale, un objet quelconque est raccourci par sa vitesse et dans le sens de sa vitesse par rapport à l'observateur. La même chose a lieu évidemment si c'est l'observateur qui se déplace devant l'objet, puisqu'on ne peut connaître que des vitesses relatives, en vertu du principe de relativité classique de Newton et de Galilée.

Sous cet aspect nouveau, on voit que la contraction de Lorentz-Fitzgerald devient une chose intelligible ou du moins admissible. Cette contraction n'est plus la cause du résultat négatif de l'expérience de Michelson ; elle en est la conséquence. Tout s'en trouve clarifié, et on comprend maintenant qu'il y avait, dans la façon classique d'évaluer la dimension des objets, quelque chose d'incorrect.

Certes, le fait que des rayons lumineux, animés de vitesses

différentes à leur départ de leurs sources, aient toujours en arrivant à notre œil des vitesses identiques et indiscernables, est étrange et heurte quelque peu nos vieilles, habitudes d'esprit. Si j'ose employer une comparaison qui est seulement destinée à faire penser, mais nullement à expliquer, il y a là peut-être quelque chose d'analogue à ce qui se passe avec les bombes d'avions. Des bombes d'un modèle donné, qu'elles soient lâchées par l'avion d'une hauteur de 5 000 mètres ou d'une hauteur de 10 000, et qui, par conséquent, ont à 5 000 mètres du sol des vitesses de chute fort dissemblables, ont toujours en arrivant au sol la même vitesse restante. C'est l'effet modérateur, égalisateur, de la résistance de l'air qui empêche la vitesse de s'accroître indéfiniment et la rend constante lorsqu'elle a atteint une certaine valeur. Faut-il admettre qu'autour de notre œil, autour des objets, il y a une sorte de champ de résistance qui impose à la lumière survenante une limite semblable ? Qui le sait ? D'ailleurs ces questions n'ont peut-être pas de sens pour un physicien. Celui-ci ne peut connaître et ne connaîtra lJe comportement de la lumière qu'à son départ de la source matérielle et à son arrivée à l'œil armé ou non d'instruments. Il ne peut savoir comment se comporte sa propagation dans l'espace intermédiaire dénué de matière. Plus d'ailleurs nous approfondirons la nouvelle physique, plus nous constaterons qu'elle puise presque toute sa force dans son dédain systématique de ce qui n'est pas phénoménal, de ce qui n'est pas expérimentalement observable. C'est parce qu'elle est basée uniquement sur les faits (si contradictoires soient-ils) que notre démonstration du raccourcissement nécessaire des objets par leur vitesse relative à l'observateur, est forte.

* * *

Nous comprenons maintenant le sens profond de la contraction de Fitzgerald-Lorentz. Cette contraction apparente n'est nullement due au mouvement des objets par rapport à l'éther ; elle est essentiellement l'effet des mouvements des objets et des observateurs les uns par rapport aux autres, des mouvements relatifs, au sens de la vieille mécanique.

Les plus grandes vitesses relatives auxquelles nous soyons habitués dans la pratique de l'existence sont inférieures à quelques kilomètres par seconde (la vitesse initiale de l'obus de la Bertha n'était que d'environ 1 300 mètres par seconde). Pour de si petites différences de vitesse, la contraction relativiste est complètement négligeable, et c'est pourquoi, ne l'ayant jamais constatée, la mécanique classique a considéré la forme et la dimension des objets rigides comme indépendante des systèmes de référence.

C'était à peu près vrai. C'est là toute la différence qu'il y a entre le vrai et le faux. Dire que 999 990 + 9 = 1 million, c'est dire quelque chose d'à peu près vrai, donc de faux. Quand la rotondité de la terre fut démontrée, cela ne changea assurément rien aux procédés des architectes, qui construisent encore leurs bâtisses comme si la direction marquée par le fil à plomb était toujours parallèle à elle-même. Pareillement nos fabricants de locomotives et d'avions n'auront pas de longtemps à considérer les formes de leurs machines comme dépendant de leurs vitesses. Qu'importe ! Le point de vue de la pratique n'est et ne doit être celui de la science que par ricochet. Tant pis s'il n'y a pas de ricochet, ou s'il est tardif.

D'ailleurs, on a découvert depuis quelques années, ici-bas, des mobiles dont les vitesses, relatives à nous, atteignent des dizaines, des centaines de milliers de kilomètres : ce sont les projectiles des rayons cathodiques et des rayons du radium. A ces vitesses, la contraction relativiste est très notable. Nous verrons comment, effectivement, elle a été notée.

Récapitulons ce qui est maintenant acquis :

Les objets apparaissent déformés par la vitesse, dans le sens de celle-ci et non dans le sens perpendiculaire. Donc leur forme, fussent-ils d'une matière idéale et parfaitement indéformable, dépend de leur vitesse rapportée à l'observateur. Ceci est le point de vue essentiellement nouveau que la « relativité spéciale » d'Einstein a surajouté à la relativité des mécaniciens classiques, et à la relativité des philosophes. Pour eux, les dimensions absolues d'un objet rigide ou d'une figure géométrique n'avaient rien d'absolu, et seuls les RAPPORTS de ces dimensions avaient une réalité. Le point de vue nouveau est que ces rapports eux-mêmes sont relatifs, puisqu'ils sont fonction de la vitesse de l'observateur. C'est une sorte de relativité au second degré, à laquelle ni les philosophes, ni les physiciens classiques n'avaient songé.

Les relations spatiales elles-mêmes sont relatives, dans un espace déjà relatif.

Dans le cas de notre wagon de tout à l'heure et des deux piquets qui définissent sa longueur au repos, un observateur placé dans le wagon trouverait que la distance des deux piquets s'est raccourcie lorsqu'il les passe en vitesse. Son wagon lui semble plus long que l'intervalle des piquets. Moi qui reste entre ceux-ci, je constate le contraire. Et pourtant je, n'ai aucun moyen de démontrer au voyageur qu'il s'est trompé. Je vois très bien que le rayon lumineux venu du piquet arrière court derrière le wagon et par conséquent a, par rapport à lui, une vitesse inférieure à 300 000 kilomètres par seconde ; je sais que de la provient l'erreur du voyageur, mais je n'ai aucun moyen de le convaincre de cette erreur, car il me répondra toujours et avec raison : « J'ai mesuré la vitesse avec laquelle ce rayon m'arrive et je l'ai trouvée égale à 300 000 kilomètres. » Chacun de nous en réalité a raison.

En mouvement très rapide, un carré paraîtrait un rectangle à l'observateur ; un cercle paraîtrait elliptique. Si la terre tournait quelques milliers de fois plus vite autour du soleil, celui-ci nous paraîtrait allongé et pareil à un gigantesque citron suspendu dans le ciel. Si un aviateur pouvait survoler à une vitesse fantastique la place Vendôme, suivant la direction de la rue de la Paix, — et si ses impressions rétiniennes étaient instantanées, — il verrait la place ayant la forme d'un rectangle très aplati ; s'il la survolait suivant une diagonale, il la verrait, de carrée qu'elle était, devenir un losange. Si le même aviateur survolait, en la coupant, une route où chemine du bétail bien engraissé conduit vers l'abattoir, il s'étonnerait, car les animaux lui sembleraient étonnamment minces et maigres sans que leur longueur ait varié.

Le fait que les déformations dues à la vitesse sont réciproques est une des conséquences les plus curieuses de tout cela. Un homme qui serait capable de circuler en tous sens parmi les autres hommes avec la vitesse fantastique des follets shakespeariens (mettons à environ 260 000 kilomètres à la seconde... mais que ne peut un follet shakespearien !) trouverait que ses semblables sont devenus des nains deux fois plus petits que lui. C'est donc que lui-même serait devenu un géant, une sorte de Gulliver parmi ces Lilliputiens ? Eh bien ! pas du tout : par un juste retour des choses d'ici-bas, il apparaîtrait lui aussi comme un nain à ceux qu'il croit bien plus petits que lui, et qui sont sûrs du contraire. Qui a raison, qui a tort ? Les uns et les autres ; tous les points de vue sont exacts, mais il n'y a que des points de vue personnels. Autre chose encore : un observateur, quel qu'il soit, ne peut voir les êtres et les objets non liés à lui que plus petits, — jamais plus grands ! — que ceux liés à son mouvement. Si j'osais alléger ce grave exposé par quelque réflexion moins austère qu'il n'est d'usage parmi les physiciens, je remarquerais que le système nouveau nous apporte ainsi une justification suprême de l'égoïsme ou plutôt de l'égocentrisme.

Après l'espace, le temps. Par un raisonnement analogue à celui qui nous a montré la distance des choses dans l'espace liée à leur vitesse relative à l'observateur, on peut établir que leur distance dans le temps en dépend également. Je ne juge pas utile de refaire ici, par le menu, le raisonnement pour les durées ; il serait analogue à celui qui nous a servi pour les longueurs, et encore plus simple. Ce résultat est le suivant : le temps exprimé en secondes[1] que met un train à passer d'une station à une autre est plus court pour les voyageurs du train que pour nous qui les regardons passer, et qui sommes munis d'ailleurs de chronomètres identiques aux leurs. Pareillement tous les gestes faits par des hommes, sur un véhicule en mouvement, apparaîtront ralentis et par conséquent prolongés à un observateur immobile, et réciproquement. Pour que ces variations des durées fussent sensibles, il faudrait, comme pour les variations concomitantes des longueurs, que les vitesses fussent fantastiques.

Naguère, avant l'hégire einsteinienne, avant le début de l'ère relativiste, on croyait assez communément que l'*espace* réellement occupe par un objet était suffisamment et explicitement défini par ses dimensions dans le sens de la longueur, de la largeur, de la hauteur. Ces données sont ce qu'on appelle les trois *dimensions* d'un objet ; comme encore, si on préfère employer d'autres points de repères, la longitude, la latitude et l'altitude de chacun de ses points, ou bien, en astronomie, l'ascension droite, la déclinaison et

1 La meilleure définition qu'on puisse donner de la seconde est la suivante : c'est le temps qu'il faut à la lumière pour parcourir 300 000 kilomètres dans le vide et loin de tout champ intense de gravitation. Cette définition, la seule rigoureuse, est d'ailleurs justifiée par le fait qu'on n'a pas de meilleur moyen que les signaux lumineux ou hertziens (qui ont même vitesse) pour régler les horloges.

la distance. Il était bien entendu et bien connu qu'on outre il fallait préciser l'époque, l'instant auquel correspondaient ces données. Si je définis la position d'un aéronef par sa longitude, sa latitude et son altitude, ces indications ne sont exactes que pour l'instant considéré, puisque l'aéronef se déplace par rapport au repère, — et cet instant doit être lui aussi donné. En ce sens, on sentait depuis longtemps que l'espace dépend du temps.

Mais la théorie relativiste montre qu'il en dépend d'une manière bien plus intime encore et bien plus profonde, et que le temps et l'espace sont aussi liés et solidaires que ces monstres xiphopages que les chirurgiens ne peuvent séparer sans tuer l'un et l'autre.

Les dimensions d'un objet, sa forme, l'*espace* apparent occupé par lui dépendent de *sa vitesse*, c'est-à-dire du *temps* que met l'observateur à parcourir une certaine distance par rapport à cet objet. A cet égard déjà l'*espace* dépend du *temps* ; mais on outre, l'observateur mesure ce temps avec un chronomètre dont les secondes sont plus ou moins précipitées selon cette vitesse.

Donc définir l'espace sans le temps est impossible. C'est pourquoi on dit maintenant que le temps est la quatrième dimension de l'espace, et que l'espace où nous vivons à quatre dimensions.

Il est curieux que certains bons esprits dans le passé en avaient eu l'intuition plus ou moins obscure. C'est ainsi qu'en 1777 Diderot écrivait dans l'*Encyclopédie* à l'article « Dimension : » « ... J'ai dit plus haut qu'il était impossible de concevoir plus de trois dimensions. Un homme d'esprit de ma connaissance croit qu'on pourrait cependant regarder la durée comme une quatrième dimension et que le produit du temps par la solidité serait, en quelque manière, un produit de quatre dimensions. Cette idée peut être contestée, mais elle a, il me semble, quelque mérite, quand ce ne serait que celui de la nouveauté. »

C'est d'ailleurs certainement Descartes qui, par sa découverte de la géométrie analytique, a fait jaillir le premier l'idée d'un espace a plus de trois dimensions. Puisqu'en effet, en coordonnées cartésiennes, les lignes ou espaces à une dimension sont représentés par les équations du premier degré, les surfaces ou espaces à deux dimensions par les équations du second, les volumes ou espaces à trois dimensions par celles du troisième, il était indiqué de se demander si les équations du quatrième degré et au-delà n'étaient pas, elles aussi, la représentation algébrique de quelque forme d'espace à quatre dimensions ou davantage.

L'espace à quatre dimensions des relativistes n'est, au surplus, pas tout à fait ce qu'imaginait Diderot. Il n'est pas le produit du temps par l'espace, car une diminution du temps n'y est pas compensée par un accroissement de l'espace, bien au contraire.

Considérons deux événements : par exemple les passages successifs, et en vitesse, de notre wagon-lit à deux stations. Pour un voyageur du wagon la distance des deux stations, mesurée par la longueur du chemin parcouru, est, comme nous l'avons montré, plus courte que pour un observateur immobile au bord de la voie. Le temps qui sépare les deux passages est également plus court pour le premier observateur que pour celui-ci, puisque le nombre des secondes écoulées aux chronomètres identiques dont ils sont munis est plus petit pour le premier.

En un mot, la distance dans le temps et la distance dans l'espace diminuent toutes deux en même temps lorsque la vitesse de l'observateur augmente et augmentent toutes deux quand la vitesse de l'observateur diminue.

Ainsi la vitesse (et il ne s'agit jamais, rappelons-le, que de la vitesse relativement aux choses observées), opère en quelque sorte comme un double frein qui ralentit les durées et raccourcit les longueurs. Si l'on préfère une autre image, la vitesse nous fait voir à la fois les espaces et les temps plus obliquement, sous un angle de plus en plus aigu. L'espace et le temps ne sont donc que des effets de perspective.

Pouvons-nous concevoir l'espace à quatre dimensions, c'est-à-dire pouvons-nous en imaginer une représentation sensible ? Si non, cela ne prouvera rien contre la réalité de cet espace. Pendant des siècles on n'a pas conçu les ondes hertziennes et aujourd'hui encore elles ne nous sont pas directement sensibles. En existent-elles moins ? En vérité, nous ne concevons déjà que difficilement l'espace à trois dimensions. Sans nos déplacements musculaires nous l'ignorerions. Un homme paralysé et borgne, c'est-à-dire n'ayant pas la sensation du relief que donne la vision binoculaire, — qui est, elle aussi, avant tout un tâtonnement musculaire, —

verrait de son œil unique et immobile tous les objets projetés dans un même plan, comme sur une toile de fond au théâtre. L'espace à trois dimensions lui serait inaccessible.

Mais je crois que certaines personnes peuvent se représenter l'espace à quatre dimensions. Les divers aspects successifs d'une fleur aux différents âges de sa croissance, du jour où elle n'est qu'un fragile bourgeon vert jusqu'à celui où ses pétales épuisés tombent dolents, et les divers déplacements successifs de sa corolle sous l'influence du vent constituent une image globale de la fleur dans l'espace à quatre dimensions. Est-il des hommes pouvant d'un seul coup voir tout cet ensemble ? Oui, et notamment, je crois, les bons joueurs d'échecs. Si un grand joueur d'échec joue bien, c'est parce que, d'un seul regard de son œil mental, il voit *simultanément toute la suite* chronologique des coups successifs possibles dérivés d'un seul coup initial, avec toutes leurs répercussions sur l'échiquier. Les mots soulignés dans la phrase précédente jurent un peu d'être accouplés. C'est que nous sommes dans un domaine où c'est une gageure de prétendre exprimer vocabulairement les nuances des choses. Autant vaudrait, après tout, vouloir exprimer avec des mots ce qu'il y a dans une symphonie de Beethoven. « Traduttore traditore : » si cet adage est vrai, c'est surtout parce que le mot est l'organe de la traduction.

* * *

Arrivés à ce point, dans notre lente ascension de la physique relativiste, nous n'avons plus devant les yeux qu'un champ de bataille où gisent des cadavres et des débris. Le temps et l'espace, ces crochets que nous croyions solidement rivés au mur derrière lequel se cache la réalité, et où nous attachions nos flottantes notions du monde extérieur, ainsi que des vêtements à des porte-manteaux, sont maintenant arrachés et tombés dans le plâtras des anciennes théories, sous les coups de marteau de la physique nouvelle.

Nous savions bien, certes, que l'âme des êtres nous était cachée, mais nous pensions du moins voir leur visage. Voilà qu'en nous approchant, celui-ci n'est plus qu'un masque. Le monde extérieur n'est rien qu'un bal travesti, et, chose ironique et décevante, c'est nous-mêmes qui avons fabriqué les masques de velours aux reflets changeants, les costumes papillotants. En définissant les choses par l'espace et par le temps, nous avons projeté sur elles deux faisceaux de lumière qui nous montrent en elles des formes et des couleurs. Et voilà que nous découvrons que ces couleurs ne sont que celles, monochromatiques, de la lumière projetée. Et voilà que nous découvrons que les formes mêmes que nous leur voyons leur sont imposées par notre projecteur : le faisceau lumineux est arbitrairement découpé et délimité par un diaphragme dont l'ouverture dépend de sa vitesse ! Le temps et l'espace ne sont-ils donc que des hallucinations ? Et alors, que reste-t-il ?

Eh bien ! non. Car voici qu'après avoir détruit des ruines branlantes, la doctrine relativiste va soudain reconstruire, mieux construire ; voici que, derrière les voilés déchirés et foulés aux pieds, va nous apparaître une réalité plus neuve, plus profonde.

Si nous décrivons l'univers à la manière habituelle, séparément dans les catégories du temps et de l'espace, nous voyons que son aspect dépend de l'observateur. Mais le calcul montre qu'il n'en est heureusement pas de même lorsqu'on le décrit dans la catégorie unique de ce continuum à quatre dimensions dont il a été question et que nous appellerons pour simplifier l'espace-temps. Si j'ose employer cette image, le temps et l'espace sont comme deux miroirs, l'un convexe, l'autre concave, — dont les courbures sont d'autant plus accusées que la vitesse de l'observateur est plus grande. Chacun de ces deux miroirs donne séparément une image déformée de la succession des choses. Mais, par une heureuse compensation, il se trouve qu'en combinant les deux miroirs de telle sorte que l'un réfléchisse les rayons reçus par l'autre, l'image de cette succession est rétablie dans sa réalité non déformée.

La distance dans le temps et la distance dans l'espace de deux événements donnés très voisins augmentent toutes deux ou diminuent toutes deux quand la vitesse de l'observateur diminue ou augmente. Nous l'avons établi. Mais le calcul qui est facile, grâce à la formule donnée ci-dessus pour exprimer la contraction de Lorentz-Fitzgerald, montre qu'il existe une relation constante entre ces variations concomitantes du temps et de l'espace. Très exactement, la distance dans le temps et la distance dans l'espace de deux événements voisins sont numériquement entre elles comme l'hypoténuse et un autre côté d'un triangle rectangle sont au troisième côté lequel resterait invariable.[1]

Ce troisième côté étant pris pour base, les deux autres côtés dessineront, au-dessus de celle base fixe, un triangle plus ou moins haut, selon que la vitesse de l'observateur sera plus ou moins réduite. Cette base fixe du triangle dont les deux autres côtés, — la distance spatiale et la distance chronologique, — varient simultanément avec la vitesse de l'observateur, est donc une quantité indépendante de cette vitesse.

C'est cette quantité, qu'Einstein a appelée l'*intervalle* des événements. Cet « intervalle » des choses dans l'espace-temps est une sorte de conglomérat de l'espace et du temps, un amalgame de l'un et de l'autre dont les composants peuvent varier, mais qui, lui, reste invariable. Il est la résultante constante de deux vecteurs changeants. L' « intervalle » des événements, ainsi défini, nous fournit pour la première fois, depuis que la science péniblement se crée, une représentation impersonnelle de l'Univers.

Suivant la saisissante image de Minkowski, « l'espace et le temps ne sont que des fantômes. Seul existe dans la réalité une sorte d'union intime de ces deux entités. »

Cette unique réalité saisissable à l'homme dans le monde extérieur, cette donnée, la seule vraiment objective et impersonnelle qui nous soit accessible, c'est donc l'*intervalle* einsteinien, tel qu'il vient d'être défini. L'*Intervalle* des événements est la seule réalité sensible. Hors de là, il y a peut-être quelque chose, mais rien que nous puissions connaître.

Etrange destinée des choses humaines ! Le principe de relativité, par les découvertes de la physique moderne, a étendu son aile vaporeuse bien plus loin qu'autrefois et jusqu'à des sommets qu'on croyait inaccessibles à son vol aquilin. Et c'est à lui pour tant que nous devons la première emprise véritable de la faiblesse humaine sur le monde sensible, sur la réalité. Le système d'Einstein, dont il nous reste avoir maintenant la partie constructive, disparaîtra un jour comme les autres, car il n'existe dans la science que des théories « à titre temporaire, » jamais de théories « à titre définitif : » et c'est

---

1 Dans le calcul ou la représentation géométrique que nous lui substituons, l'hypoténuse du triangle est la distance dans le temps, chaque seconde étant figurée par 300 000 kilomètres.

peut-être ce qui a multiplié ses victoires. La notion de Y Intervalle des choses survivra à tous les écroulements. Sur elle devra être bâtie la science de l'avenir ; sur elle s'élève chaque jour l'édifice hardi de la science d'aujourd'hui.

Encore, ceci doit-il être formellement entendu : l'*Intervalle einsteinien* ne nous apprend rien sur l'absolu, sur les choses en soi. Il ne nous indique, lui aussi, que des relations entre ces choses. Mais les relations qu'il manifeste sont, pour la première fois, véritables et indépendantes du regardant. Elles participent de ce degré de vérité objective que la science classique attribuait fallacieusement aux relations chronologiques et aux relations spatiales des phénomènes. Mais celles-ci n'étaient que des balances fausses, et seul l'Intervalle einsteinien nous livre ce qui peut être connu du Réel.

Nous avons lové à jamais un léger coin du voile décevant qui dérobait à notre avidité la nudité sacrée de la Nature.

ISBN : 978-1983453427

www.ingramcontent.com/pod-product-compliance
Lightning Source LLC
Chambersburg PA
CBHW070931220526
45468CB00005B/1737